Baranidharan Krishnamoorthy
Dhanapal I.F.S. Rengaswamy
Ranjith Karunanithi

Aves - Uma introdução

Baranidharan Krishnamoorthy
Dhanapal I.F.S. Rengaswamy
Ranjith Karunanithi

Aves - Uma introdução

Aves primitivas, extintas e extremas

ScienciaScripts

Imprint

Any brand names and product names mentioned in this book are subject to trademark, brand or patent protection and are trademarks or registered trademarks of their respective holders. The use of brand names, product names, common names, trade names, product descriptions etc. even without a particular marking in this work is in no way to be construed to mean that such names may be regarded as unrestricted in respect of trademark and brand protection legislation and could thus be used by anyone.

Cover image: www.ingimage.com

This book is a translation from the original published under ISBN 978-3-659-86780-4.

Publisher:
Sciencia Scripts
is a trademark of
Dodo Books Indian Ocean Ltd. and OmniScriptum S.R.L publishing group

120 High Road, East Finchley, London, N2 9ED, United Kingdom
Str. Armeneasca 28/1, office 1, Chisinau MD-2012, Republic of Moldova, Europe
Printed at: see last page
ISBN: 978-620-7-79737-0

Copyright © Baranidharan Krishnamoorthy, Dhanapal I.F.S. Rengaswamy, Ranjith Karunanithi
Copyright © 2024 Dodo Books Indian Ocean Ltd. and OmniScriptum S.R.L publishing group

ÍNDICE DE CONTEÚDOS:

CAPÍTULO 1   2

CAPÍTULO 2   4

CAPÍTULO 3   9

CAPÍTULO 4   16

CAPÍTULO 5   19

CAPÍTULO 6   21

CAPÍTULO 7   25

CAPÍTULO 8   27

CAPÍTULO 9   35

CAPÍTULO 10   40

CAPÍTULO 11   42

CAPÍTULO 12   44

CAPÍTULO 1

1. Introdução de aves.

Uma ave foi descrita como um "BIPÉ DE PÉS". Esta descrição é correcta e precisa e não se aplica a nenhum outro animal.

As aves são animais vertebrados de sangue quente que possuem asas, penas, bico, ausência de dentes, um esqueleto em que muitos ossos estão fundidos ou ausentes e um sistema de respiração unidirecional extremamente eficiente. As aves que voam têm ossos fortes e ocos e músculos de voo poderosos.

Para ajudar a manter uma temperatura uniforme, o corpo de uma ave está coberto de penas não condutoras - a sua principal caraterística - que, em pormenores de estrutura e disposição, reflectem o modo de vida do grupo a que a ave pertence.

A temperatura corporal das aves, cerca de $38^0 - 44^0$ c., é mais elevada do que a da maioria dos mamíferos. Ajudadas pela sua cobertura não condutora de penas, as aves são capazes de suportar grandes extremos climáticos. Desde que consigam obter uma quantidade suficiente de alimentos, ou "combustível" para o sistema, não lhes faz grande diferença se a temperatura ambiente é superior a 60^0 .nas areias escaldantes do deserto ou 40^0 c.abaixo de zero no norte gelado e congelado. A sua taxa de metabolismo é mais elevada do que a dos mamíferos. Não possuem glândulas sudoríparas. O calor extra gerado pela sua atividade extrema, que em condições climáticas tórridas resultaria em sobreaquecimento, febre e morte, é eliminado através dos pulmões e dos sacos aéreos tão rapidamente quanto é produzido. Uma das funções dos "sacos aéreos" - uma caraterística peculiar das aves e que se encontra em várias partes do corpo - é promover a transpiração interna. O vapor de água difunde-se do sangue para estas cavidades e sai através dos pulmões, aos quais estão indiretamente ligados.

As aves são animais vertebrados bípedes, de sangue quente e ovíparos, caracterizados principalmente por penas, membros anteriores modificados como asas e (na maioria) ossos ocos.

As aves variam em tamanho, desde os minúsculos colibris até às enormes avestruzes e ema. Dependendo do ponto de vista taxonómico, existem cerca de 8.800-10.200 espécies de aves vivas (e cerca de 120-130 que se extinguiram ao longo da história da humanidade) no mundo, o que faz delas a classe mais diversificada de vertebrados terrestres.

A maior parte das aves são diurnas, ou seja, activas durante o dia, mas algumas aves, como as corujas e os noitibós, são nocturnas ou crepusculares (activas durante o crepúsculo), e muitas limícolas costeiras alimentam-se quando as marés são adequadas, de dia ou de noite.

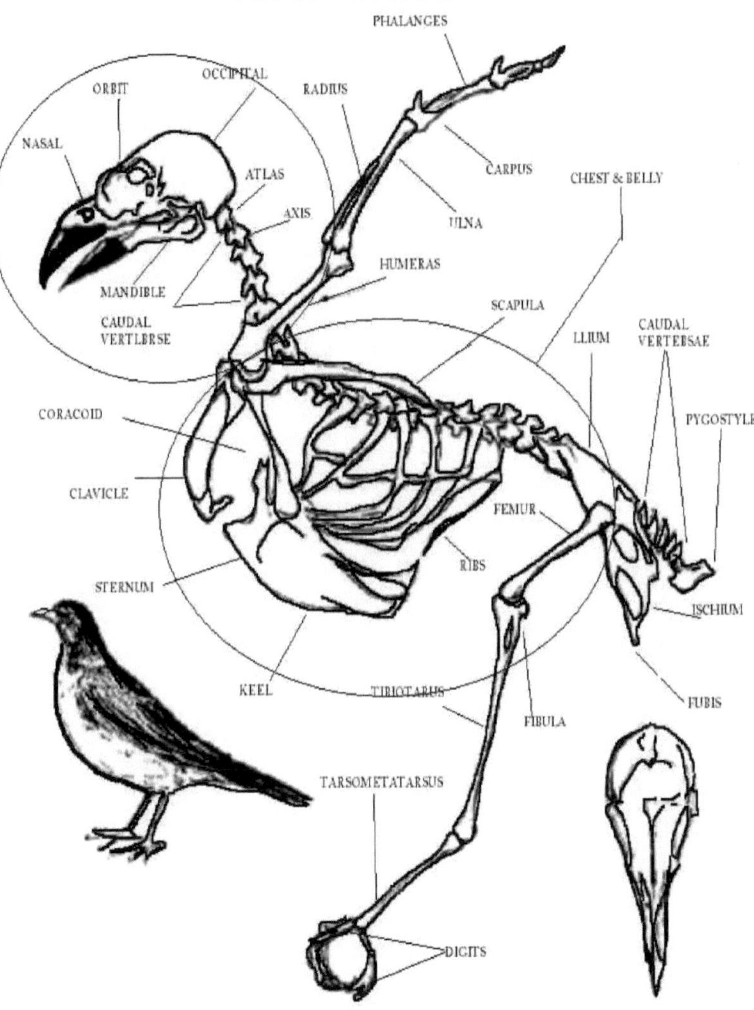

AVE SEM PENAS

<h1 style="text-align:center">CAPÍTULO 2</h1>

2. Adaptações das aves

Adaptações das aves - Bicos

Alguma vez te perguntaste porque é que existem tantos tipos de bicos de aves (os cientistas chamam-lhes bicos)?

A função mais importante do bico de uma ave é a alimentação, e a sua forma depende do que a ave come. Se quiseres aprender mais sobre as aves, talvez queiras prestar atenção às formas do bico! Podes usá-lo como uma das características que usas para identificar as aves. Se já tiveres identificado uma ave, podes aprender mais sobre o seu comportamento olhando para o bico e pensando no que ela come. De seguida, pode pensar no local onde vive, e assim por diante. Para o ajudar a começar, eis algumas formas comuns de bico e os alimentos para os quais estão especialmente adaptados:

As aves alimentam-se de néctar, plantas, sementes, insectos, peixes, mamíferos, carniça ou outras aves

SHAPE	TYPE	ADAPTATION
	Cracker	Seed eaters like sparrows and cardinals have short, thick conical bills for cracking seed.
	Shredder	Birds of prey like hawks and owls have sharp, curved bills for tearing meat.
	Chisel	Woodpeckers have bills that are long and chisel-like for boring into wood to eat insects.
	Probe	Hummingbird bills are long and slender for probing flowers for nectar.
	Strainer	Some ducks have long, flat bills that strain small plants and animals from the water.
	Spear	Birds like herons and kingfishers have spear-like bills adapted for fishing.

| | Tweezer | Insect eaters like warblers have thin, pointed bills. |
| | Swiss Army Knife | Crows have a multi-purpose bill that allows them to eat fruit, seeds, insects, fish, and other animals. |

Adaptações únicas

Corujas:

As corujas têm modificações únicas nas suas orelhas para detetar as presas. Têm também orelhas assimétricas e a face emplumada funciona como um prato refletor para ouvir o som. Para além das suas fantásticas adaptações auditivas, têm grandes patas de rapina. Têm garras para agarrar a presa. Podem agarrar a presa com força para a sufocar e utilizar as suas garras para a perfurar.

Falcões:

Enquanto a maioria dos predadores de aves tem patas grandes, estas aves de rapina não têm. Elas apanham a presa derrubando-a quando colidem com ela no ar a velocidades até 190 mph. Atingem a presa com as patas. De facto, são tão bons que apontam e atingem as presas na cabeça. Têm um "dente" tomial que serve para desarticular as vértebras cervicais.

Papagaio caracol:

Estas aves de rapina são aves que não se alimentam do mesmo tipo de presas que a maioria das aves deste grupo. Em vez disso, têm bicos modificados para apanhar caracóis das suas conchas.

Formas de cabeça de abutre:

Em África, é possível observar quatro espécies diferentes de abutres que se alimentam da mesma carniça. A questão é: como é que todas estas espécies coexistem no mesmo ambiente? Fish (1944) observou que existem diferentes tamanhos e proporções dos bicos e dos crânios destes diferentes abutres cantáridas. De facto, parece haver um grau consistente de diferença entre as diferentes classes de tamanho. A resposta mais provável é que estes abutres dividem os seus alimentos. Numa matança, por exemplo, apenas os maiores e mais raros abutres são capazes de abrir a pele dos grandes mamíferos. Assim que estes chegam ao local, os outros abutres podem finalmente alimentar-se.

Bico de um alimentador filtrante (pato / flamingos, etc.):

As lamelas do pato, do lado da cobertura córnea (culmen) da mandíbula superior, são especializadas na filtragem dos alimentos da água. O pato enche a boca de água e a língua retira a água. Os flamingos são interessantes porque são filtradores de cabeça para baixo, cujas bocas se adaptaram a este estilo de vida de cabeça para baixo.

Palato Caprimulgiforme:

O palato de uma ave caprimulgiforme conhecida como foto tem palatinos alargados que protegem o céu da boca contra o impacto de grandes insectos apanhados no ar.

Formas de sondagem/gapagem do solo:

Muitas aves tentam apanhar insectos e vermes do solo. Há dois métodos para o fazer: sondagem e abertura. A sondagem ocorre quando não existe qualquer buraco e a ave espeta o seu bico no solo e pode abrir o bico no subsolo apenas o suficiente para obter a sua presa. A abertura (comum nas Mynas) ocorre quando as aves enfiam o bico no solo e o abrem para fazer um buraco. Isto expõe a presa, afastando o solo com o bico.

Pica-paus:

Os pica-paus são bizarros na medida em que o seu aparelho hioide se enrola e se liga ao crânio. Trata-se de uma adaptação espantosa para a colocação da língua (que está ligada ao aparelho hioide). As suas línguas, que têm uma ponta espinhosa para apunhalar as presas, não são muito mais compridas do que as de outras aves, mas este longo aparelho hioide, que está ligado à língua, dá-lhes essencialmente um alcance muito longo.

Cinesia craniana:

Trata-se de um processo de flexão da ponta do bico superior. O bico de uma narceja, por exemplo, pode ser aberto perto da ponta. Isto acontece através de uma rotação do quadrado que faz avançar a barra jugal. Os dois terços basais do bico são rígidos, pelo que a mandíbula se dobra ainda mais.

Aves que comem sementes:

As aves que comem sementes têm modificações no crânio, incluindo as trabéculas e a charneira nasofrontal, que lhes permitem exercer muita pressão sobre as sementes, mas têm uma charneira flexível que protege a articulação da mandíbula. Algumas aves são muito poderosas. O falcão, por exemplo, pode esmagar caroços de azeitona. A força surpreendente das mandíbulas superior e inferior destes organismos permite-lhes lidar com caroços e sementes duros através de forças de cisalhamento.

Sunbirds:

Os sunbirds são basicamente o equivalente asiático do colibri. Têm bicos óptimos para recolher o alimento das flores. O comprimento do bico é importante devido à forma como estas aves recolhem o néctar. Colocam a língua um pouco para fora do bico e o néctar é extraído por ação capilar.

Colibris:

Os beija-flores têm estômagos simples devido à simplicidade dos alimentos que consomem. (Acontece que a água açucarada não é boa para as aves. As aves não conseguem assimilar a sacarose porque esta inibe a assimilação de outras necessidades alimentares).

Adaptação dos pés:

Outra caraterística que pode ser utilizada para aprender mais sobre as aves é a forma das patas! A forma das patas reflecte o habitat em que a ave se encontra e o tipo de alimento que pode comer. Aqui estão algumas formas de patas comuns e o ambiente em que estão especialmente adaptadas para viver:

SHAPE	TYPE	ADAPTATION
	Grasping	Raptors like Osprey use their large curved claws to snatch fish from the water.
	Scratching	Pheasants and other birds that scratch the soil for food have nail-like toes.
	Swimming	Ducks and other webbed lined swimming birds use their feet like paddles.
	Perching	Robins have a long back toe, which lets them grab a perch tightly.
	Running	Many fast-running birds have three toes rather than four.

<table>
<tr>
<td></td>
<td>Climbing</td>
<td>A woodpecker's hind toes enable it to climb without falling backward.</td>
</tr>
</table>

Raptor:

Uma ave de rapina é uma ave carnívora (que se alimenta de carne). Todas as aves de rapina partilham, pelo menos, três características principais:

* Visão aguçada
* Oito garras afiadas
* Um bico em forma de gancho

Existem cerca de 482 espécies de aves de rapina em todo o mundo, 304 espécies diurnas e 178 espécies nocturnas. Este número não inclui as sete espécies de abutres do Novo Mundo. Aves de rapina é outro termo utilizado para descrever as aves de rapina como um grupo. As aves de rapina existem, de alguma forma, há 50 a 75 milhões de anos.

Consoante o sistema de classificação utilizado, o número de famílias de aves de rapina varia. Uma divisão geral das aves de rapina deixa-nos com 12 grupos a nível mundial:

* Caracarás
* Águias
* Falcões
* Falcões
* Portadores
* Papagaios
* Águias-pesqueiras
* Corujas, celeiro
* Corujas, típicas
* Secretário aves
* Abutres, velho mundo (hemisfério oriental; Europa, Ásia e África)
* Abutres, novo mundo (hemisfério ocidental)

CAPÍTULO 3

3. Voo e locomoção

A maioria das aves pode voar. As aves têm um coração muito forte e um modo de respiração eficiente - estes factores são necessários para que as aves possam voar. As aves também gastam muita energia enquanto voam e precisam de comer muita comida para poderem voar.

Nem todos os animais voadores são aves; e nem todas as aves podem voar. A capacidade de voar desenvolveu-se de forma independente muitas vezes ao longo da história da Terra. Os morcegos (mamíferos voadores), os pterossauros (répteis voadores do tempo dos dinossauros) e os insectos voadores não são aves.

A locomoção das aves é bastante variada; a maioria pode voar, algumas podem correr muito bem, algumas nadam e algumas fazem combinações destas actividades. Algumas aves não conseguem voar.

As ratitas são aves paleognatas, geralmente bastante grandes e que não voam. O Cassowary da Austrália e da Nova Guiné está mais intimamente relacionado com a Emu da Austrália do que com a Avestruz. A avestruz tem um parentesco bastante próximo com as Rheas da América do Sul. Sabemos agora que a África e a América do Sul estiveram, em tempos, ligadas. O estudo destas aves ajudou a esclarecer o dilema da deriva continental.

A maioria das aves pode voar. As asas das aves voadoras têm uma forma que lhes permite voar. Estes animais leves adaptaram-se ao seu ambiente voando, o que os torna caçadores eficientes, permite-lhes fugir de predadores esfomeados (como os gatos) e afasta-os de condições climatéricas adversas (migração).

O falcão-peregrino é uma das aves mais rápidas, tendo sido registado a 90 milhas por hora num mergulho (e há quem diga que pode mergulhar a mais de 200 milhas por hora).

Já em 1957, Savile, um engenheiro, conseguiu examinar as asas das aves para determinar como funciona a aerodinâmica da asa. Em particular, como é que o ar flui sobre a asa. Em qualquer avião, o ar flui sobre os bordos, causando turbulência e, por conseguinte, não provocando elevação. As aves conseguiram reduzir o fluxo de ar turbulento nos cantos das suas asas porque têm ranhuras nas pontas das asas. Algumas aves têm a forma de U, outras de V, algumas têm fendas e outras são quadradas (as quadradas são as que produzem mais sustentação).

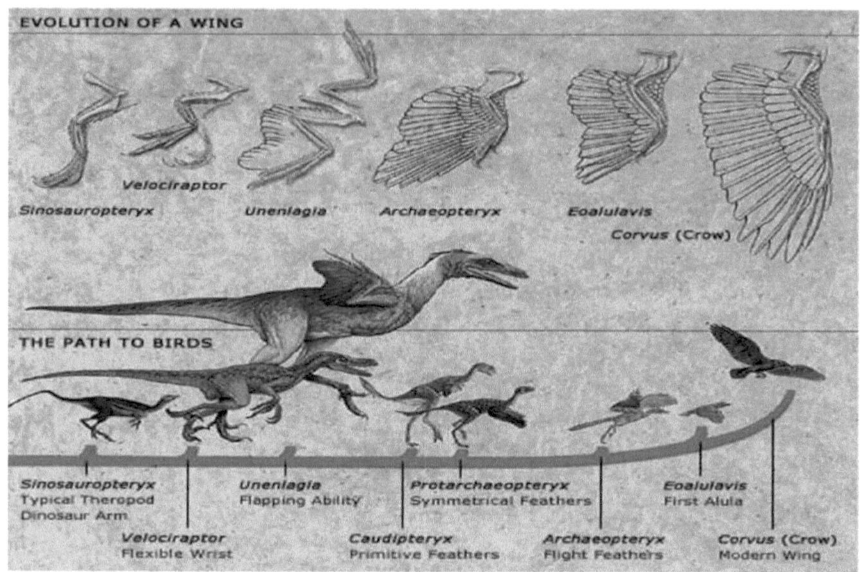

Evolução adaptativa da asa das aves

Impulso:

Embora a elevação seja sempre um problema para as aves, ainda não falámos sobre o impulso, ou o ato de mover a ave para a frente. O simples bater de asas para cima e para baixo não a vai mover para a frente, apenas para cima. Para as aves, a solução vem da rotação única dos seus braços.

Quando as asas da ave batem, as penas primárias de voo torcem-se para dar impulso. Esta torção resulta, em parte, da assimetria das veias das penas.

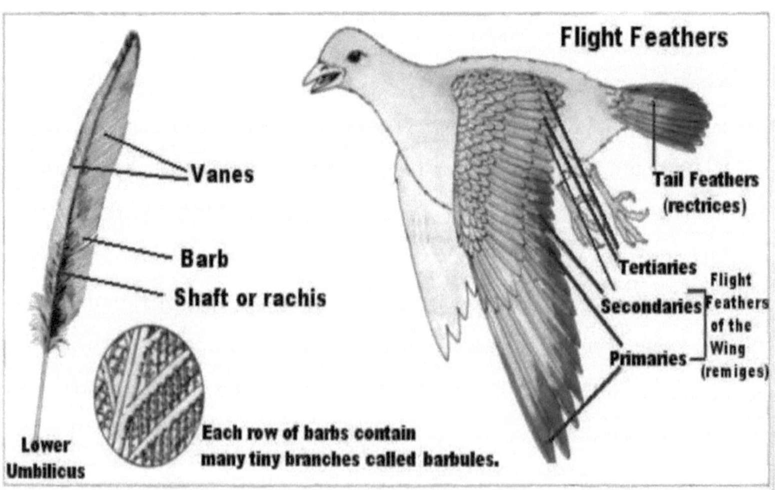

Tipos de asas

- **Asa de elevado rácio de aspeto:**

a. Muito mais comprido do que largo. Tem muita área de elevação vertical. Não tem muitas ranhuras.

b. Não são aves que voam depressa, mas sim aves que voam alto

c. Albatroz ou fragata.

- **Asa elíptica:**

a. A pressão tende a ser uniforme na maior parte da superfície.

b. Normalmente encontrado em aves que vivem em florestas.

c. Facilita uma mudança de vaivém no ângulo da asa

d. Pardais.

- **Asa de alta velocidade:**

a. Falcões, tarambolas,

b. Asas que são estreitas e têm uma ponta afiada. Estas asas reduzem a resistência. A maior parte do batimento das asas está a produzir impulso para a frente.

- **Asa de grande elevação**

a. ranhura extrema nas pontas das asas

b. Abutres, águias, etc.

Os patos que vivem em diferentes tipos de habitats têm diferentes tipos de asas. Os que estão rodeados de florestas e os que vivem ao ar livre nas pradarias.

Ossos de uma ave:

- O esterno com quilha é muito importante durante o voo.

- Porção membranosa que envolve a fúrcula (músculo peitoral): Encaixa-se na membrana craco-clavicular: deprime a asa.

- Os músculos que elevam a asa encontram-se abaixo, ligados à quilha e ao supracoracoideu do esterno. Origina-se na quilha do esterno. Tem um tendão que passa através de um orifício no coracoide e se liga ao úmero.

Mergulhadores com propulsão por asa:

- Uma evolução convergente maravilhosa nestes mergulhadores:

- As grandes águias e os pinguins utilizam os seus bicos apenas para voar.

- Também o fotoperíodo ... pelicano gigante.

Falta de voo:

Quando se analisa o voo das aves, como é que se pode esquecer de falar das aves que perderam a capacidade de voar? De muitas formas, a análise das aves que perderam a capacidade de voar pode ajudar-nos a responder a algumas questões evolutivas importantes. Eis uma lista de alguns exemplos:

- Cormorões nas Galápagos.
- Papagaio na Nova Zelândia: Kakapo
- Dodó de Columbiformes
- Corujas que não voam.
- No Hawaii, no registo sub-fóssil, havia muitos gansos.
- O Havai tinha a única íbis que não voava. (Em nenhum outro lugar os íbis não voam).

Coisas que lhes acontecem

Soltar o esterno com quilha.

O coracoide e a escápula têm um ângulo superior a 90 graus.

Nas aves que voam, este ângulo é inferior a 90 graus.

AVES QUE NÃO VOAM

4. **Biologia da reprodução**

Sistemas de acoplamento

Monogamia: (90 por cento das aves): As aves têm um só companheiro.

Poligamia: sistema de acasalamento em que um indivíduo pode associar-se a muitos membros diferentes do outro sexo.

Poliginia: os machos formam pares com duas ou mais fêmeas (2 por cento).

Poliandria: As fêmeas emparelham com vários machos. (1 por cento) Encontrada predominantemente em aves marinhas. Ocorre frequentemente uma inversão sexual (um sexo é maior do que o outro).

Poliginandria: Os machos acasalam com muitas fêmeas e as fêmeas acasalam com vários machos. Basicamente, é um sistema de acasalamento misto. É comum nos peixes mas não nas aves. É uma caraterística das ratites que não voam.

Seleção sexual: Forma de seleção natural em que a variação na aptidão entre indivíduos é gerada por diferentes sucessos de acasalamento.

A seleção sexual pode resultar de dois métodos diferentes

1) **Rivalidade entre machos:** Um macho pode impedir o acesso de outros machos a uma fêmea. Por exemplo, a territorialidade seria uma forma de adquirir recursos benéficos que lhes permitiriam ter mais sucesso no acasalamento.

2) **Preferência das fêmeas:** se as fêmeas preferirem um determinado carácter dos machos, como forma de melhorar a sua aptidão, podem afetar grandemente as características reprodutivas.

Crescimento e desenvolvimento

Incubação

A eclosão do ovo é um acontecimento importante, pois a troca de gases passa da superfície do ovo para os pulmões. As aves têm um dente de ovo, que é uma pequena ponta no seu bico superior que é utilizada para escavar um anel no ovo.

O espaço de ar no ovo é utilizado pela ave para fazer um buraco no ovo. As aves têm um músculo de eclosão muito potente na parte de trás do pescoço.

Ovos de galinha embrionados: Os ovos, no momento da incubação, têm geralmente cerca de 18 dias de idade, e algumas pessoas utilizam os ovos com 16 dias de idade. No entanto, é frequente haver comunicação entre os pintainhos no ninho e os pais dos ovos. Há algumas chamadas que o cabrito do ovo pode fazer para dizer aos pais o que se está a passar. Assim, parece que as crias podem sentir quando estão dentro do ovo!

Há uma grande mudança na morfologia que ocorre no período de nidificação. O período de nidificação decorre desde o momento em que o primeiro cabrito eclode até ao momento em que o último cabrito emerge. Assim, o período de nidificação conduz ao período de fuga. O ato que passa de um para o outro é o ato de "fugir". O período de fuga vai desde o momento em que o último cabrito sai do ovo até ao momento em que todas as crias são independentes dos pais.

Aves altriciais:

Neste tipo de aves, os pintos são quase inúteis quando nascem. A maioria não tem penas e os seus olhos estão meio fechados. Esta é a forma de altricial completo. Existem, naturalmente, fases de altruísmo. Os beija-flores são extremamente altriciais.

Os cabritos semialtriciais também são únicos. Estas aves têm frequentemente algumas penas de penugem e patas grandes. Dependem também dos pais, mas eclodem num estado avançado.

Uma ave semi-precoce tem os olhos bem abertos e está coberta de penas.

As crias pré-colectivas estão completamente cobertas pela penugem. Pode andar. As suas asas não são suficientemente grandes para voar, mas podem andar. Pode seguir os seus pais e os seus olhos e cérebro estão bem desenvolvidos.

Superprecoces : construtores de montes

Precocial : pato, aves marinhas, codornizes, galos silvestres, murrlets

Altriciais : pássaros canoros, pica-paus, papagaios

A entrega de alimentos é um aspeto importante dos cuidados parentais nas aves altriciais.

A relação entre as crianças e os adultos deve ser muito evoluída quando se trata de contas afiadas (por exemplo, pais e filhos de anhinga).

Algumas aves segregam alimentos para os seus filhos: os pombos produzem leite de colheita. Mas os flamingos e os pinguins também produzem leite de colheita.

Cuidados parentais:

Depois de os ovos terem sido postos no ninho, os pais devem incubá-los. Existem várias formas de os machos e as fêmeas criarem as suas crias.

Uma alteração que se forma nas fêmeas é a mancha de ninhada. Trata-se de uma zona do peito que se torna mais espessa após a postura dos ovos. Os tecidos ficam mais espessos e mais enrugados, aumentando assim a quantidade de contacto com os ovos. Além disso, fica altamente vascularizada. O penso de incubação é, portanto, literalmente, um dispositivo de aquecimento.

Os mamões incubam os seus ovos não sentados, mas de pé sobre eles. Existem algumas modificações que ocorrem nos pés destas aves.

O período de incubação das aves é o tempo que decorre entre o último ovo e o momento da primeira eclosão. No entanto, há um grupo de aves que começa a incubar os ovos antes de pôr o último ovo. Assim, há alturas em que esta definição nem sempre se adequa.

As aves Galliformes (megapodes), gerem poços de incubação com composto em decomposição. Colocam areia sobre os ovos para evitar o seu sobreaquecimento. Estas aves são a última palavra em aves precociais (um jovem megapode nasce e não tem quaisquer cuidados parentais. Sai do poço e está pronto a sair).

Período de incubação das aves:

Galinha 20-22 dias, Avestruz 42-50 dias, Periquito 27-28 dias, Pombo 14-18 dias, Cisne 30 dias e Tucano 18 dias.

O peso do ovo diminui ao longo do tempo, desde o momento em que nasce até ao momento em que eclode. Normalmente, há uma perda de cerca de 14% ao longo do tempo.

Atenção:

Quando a temperatura do ar é elevada, a perda de calor dos ovos é menor, pelo que as aves passam mais tempo fora dos ovos. À medida que o ar arrefece, passam mais tempo nos ovos. Assim, a incubação dos ovos é claramente "dependente do ar".

Os períodos de incubação das aves que nidificam em buracos são ligeiramente mais longos do que os das aves que nidificam em espaços abertos. A predação é menor nas aves que nidificam em buracos.

CAPÍTULO 4

4. Migração

Na migração, estamos a falar de movimentos sazonais. Por outras palavras, uma ave está em diferentes locais em diferentes alturas do ano.

Movimento esporádico: Este tipo de movimento pode estar associado à localização de fontes de alimento. Este tipo de movimento ocorre maioritariamente a uma escala local. Se, no entanto, as aves se deslocarem todos os anos para os mesmos locais para procurar alimento, tal será considerado migração. Os colibris fazem-no na Costa Rica, onde se deslocam de altitudes elevadas para altitudes baixas.

Dispersão: A dispersão reprodutora ocorre quando as crias se afastam do ninho para utilizar outras áreas. Este fenómeno é frequentemente designado por dispersão natal.

Tipos de movimentos.

1. Sazonal
2. Esporádico
3. Dispersão

A que distância voam os pássaros?

- O albatroz-de-laysan pode voar 510 quilómetros por dia.
- O pombo-correio pode voar 1080 km por dia.
- O maçarico-real pode voar 1045 km por dia.

Criação de gordura para migrações

- As aves engordam antes de migrarem.
- Sendo uma espécie migratória, podem ter 5 níveis diferentes de gordura.
- O colibri de garganta rubi gasta 2/3 do seu peso corporal para atravessar o Atlântico.
- A gordura é utilizada como combustível para a migração porque tem muitas calorias por grama de peso. O metabolismo da gordura também utiliza muito mais água do que as outras formas de combustível (hidratos de carbono ou proteínas).

Ecologia de paragem

- As aves evoluíram para voar para pontos de paragem no meio das suas migrações.
- As pessoas estudaram até onde se pode ir dependendo da quantidade de gordura armazenada.
- Garajau do Ártico: - Voa 36.000 quilómetros por ano!
- Ecologia das paragens. A qualidade dos locais de paragem pode constituir pontos críticos

de conservação.

Orientação em aves:

Problemas de deslocação dos animais: São muitos os desafios que as aves enfrentam na navegação. Alguns dos principais problemas são aqui enumerados.

- O pássaro deve saber onde está
- Deve saber a direção do seu objetivo
- Deve ser capaz de manter um rumo nessa direção
- Tem de saber quando parar.
- Evidências gerais nas aves: filopatria na migração, experiências de homing.

Pista ambiental única:

- **Orientação visual:** As aves podem reconhecer certos pontos de referência, etc. As aves, como as aves marinhas, parecem estar perdidas até encontrarem o oceano e depois dirigirem-se para ele.
- Magnético: Durante as erupções solares, quando o campo magnético da Terra é afetado, provoca confusão nas aves.
- **Celestial (sol, estrelas): Está provado** que as aves utilizam as estrelas para se orientarem. Isto também significa que devem ter uma espécie de relógio interno.
- **Orientação nocturna:** As aves não estão a focar uma estrela em particular, mas sim a rotação do céu noturno.

Nativos de aves:

Abetarda de Houbara: É muito provável que a houbara que vimos na Índia seja proveniente do Cazaquistão, da China ou da Mongólia. Estas aves têm de percorrer um longo caminho através do Cazaquistão e do Uzbequistão para evitar as duras condições climáticas da cordilheira dos Himalaias.

Pelicano da Dalmácia: Os pelicanos do Sudeste da Europa, da Ásia Menor, do Irão, do Norte da China e da Mongólia Oriental.

Patos: Habita e reproduz-se nas zonas húmidas da Sibéria, Europa, Ásia Central e passa o inverno na Índia.

Pastor rosado: Sudoeste Asiático.

Grou da Sibéria: Sibéria até ao Khazakhistan, Uzbequistão, Turquemenistão, Afeganistão, Paquistão até à Índia.

Grous: Residem no Norte da Rússia e na Sibéria e migram até à Índia para escapar ao inverno rigoroso do seu local de origem.

Limícolas: Viaja desde a Rússia até ao inverno no clima favorável da Índia.

Aves migratórias: Gansos-cinzentos, pato-de-bico-vermelho, pato-trombeteiro, marreco-comum, pombo-da-Eurásia, pato-escocês, pato-de-bico-vermelho, abibe, maçarico-real, tarambola-dourada, maçarico-das-rochas.

Aves de rapina migratórias: Harriers, águia imperial, águia de cauda branca, hobby, falcão peregrino, peneireiro-das-torres.

Migrantes terrestres: Alvéolas, garganta azul, garganta de rube, garganta branca menor, toutinegra órfã, estorninho rosado, picanço castanho, chasco do deserto, papo amarelo, wryneck, rolo europeu e coruja de orelhas curtas

CAPÍTULO 5

5. A classificação das aves:

As aves pertencem à classe biológica Aves e vivem praticamente em todo o planeta. As aves são amniotas, animais cujos ovos estão protegidos da secagem (grupo que inclui os mamíferos, as aves, os dinossauros e os répteis). Existem cerca de 9.000 espécies diferentes de aves, divididas em 24 ordens e 146 famílias. A maioria das aves actuais são Neognathae (um grupo que se distingue pela estrutura comum do palato). Outro grupo, muito mais pequeno, é o dos Palaeognathae (também agrupados pela estrutura do palato), que inclui a avestruz, o kiwi, a ema, a ema e outras.

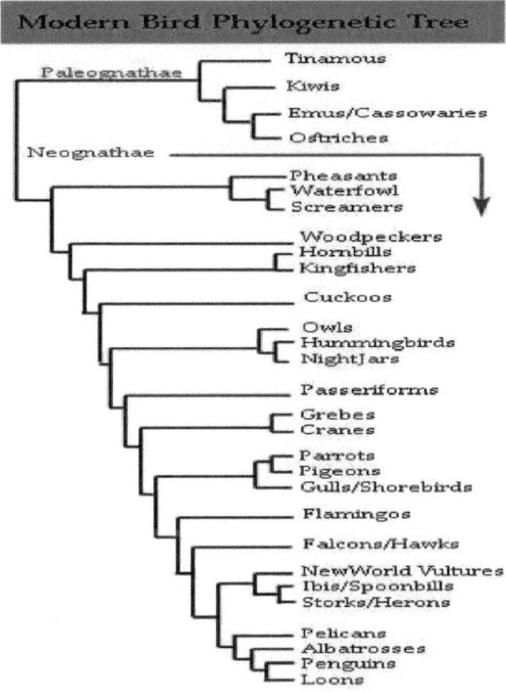

Existem mais de 9.900 espécies de aves conhecidas. Desde 1500 d.C., 128 foram extintas, além de outras 22 espécies que devem ser consideradas hipotéticas. 103 espécies foram extintas desde 1800 d.C.

- Uma em cada oito das restantes espécies, 1 183 espécies de aves (ou seja, 12%), correm um risco real de se extinguirem nos próximos 100 anos.

- 182 espécies são críticas, o que significa que têm apenas 50% de hipóteses de sobreviver nos próximos 10 anos (ou três gerações).

- 321 espécies são consideradas em perigo de extinção, o que significa que têm apenas 20% de hipóteses de sobreviver nos próximos 20 anos (ou cinco gerações).
- 680 espécies são consideradas Vulneráveis, o que significa que a probabilidade de extinção na natureza é superior a 10% nos próximos 100 anos.
- Outras 727 espécies estão quase ameaçadas, o que significa que não cumprem os critérios das três categorias anteriores.

Muitas aves enfrentam múltiplas ameaças.

Este quadro identifica as principais ameaças que são provocadas pela espécie humana.

- Estamos a limpar as suas florestas (902 espécies ameaçadas)
- Estamos a lavrar as suas pradarias, prados e savanas (383 espécies ameaçadas)
- Estamos a abatê-los para comer (233 espécies ameaçadas)
- Estamos a drenar as suas zonas húmidas (146 espécies ameaçadas)
- Estamos a capturá-los para venda de aves em gaiolas (111 espécies ameaçadas)
- Estamos a introduzir novos predadores, como gatos e ratos, com os quais as espécies isoladas nunca aprenderam a lidar.

Cantos de pássaros:

As aves cantam cantos bonitos e diversificados. Muitas aves canoras estão a escassear todos os anos. As aves canoras têm um órgão vocal chamado syrinx, localizado na garganta. A siringe muscular tem duas metades que vibram cada uma para produzir cantos, pelo que a ave pode cantar duas notas de cada vez. Para cantar, a ave sopra o ar dos pulmões através da siringe.

CAPÍTULO 6

6. Extremos de aves

A maior: A maior ave é a avestruz. Pode crescer até 2,7 m de altura. A avestruz também põe os maiores ovos de aves, que têm até 11 x 18 cm de diâmetro e pesam 1.400 g. Na Índia, o grou-sarus e o abutre barbudo dos Himalaias ou Lammergeier.

Maior ave extinta: Dromornis stirtoni, que tinha cerca de 3 m de altura e pesava até 454 kg.

A mais pequena: A ave mais pequena é o beija-flor abelha, que mede 6,2 cm de comprimento e pesa apenas 1,6 g. Os beija-flores põem os ovos mais pequenos das aves. Põem sempre dois de cada vez, cada um do tamanho de uma unha pequena de uma pessoa. Na Índia, o pica-flor de Tickell é pouco maior do que um polegar normal.

Voadores mais estranhos: O único que voa para trás e para os lados é o beija-flor.

Aves com garras nas asas: A cigana tem pequenas garras no primeiro e segundo dígitos da asa quando é jovem (usa as garras para subir às árvores). O touraco africano também tem garras nas asas quando é jovem. A avestruz tem três garras em cada asa.

Os **mais rápidos no céu:** os pássaros que voam mais rápido incluem:

- O FALCÃO-PEREGRINO, com uma velocidade de 90 mph (145 kph). Há mesmo relatos de mergulhos destas aves de rapina a velocidades até 200 mph (320 kph).
- O SWIFT DE CAIXA ESPINHAL, cerca de 90-100 mph (145-160 kph).
- O HARPY EAGLE - 37-50 mph (60-80 kph).
- Os pombos-correio campeões voam até 85 km/h (53 mph).
- Pato-real - 65 mph (105 kph).

O mais rápido em terra: A ave que corre mais rápido é a avestruz, que pode correr até 43 mph (70 kph). Em contraste, o corredor de estrada (um tipo de cuco) corre cerca de 12 mph (19 kph).

Os nadadores mais rápidos: Os pinguins-gentoo são as aves que nadam mais depressa.

Voo mais alto: O voo mais alto é o do grifo de Ruppell. Um deles colidiu com um avião ao largo da Costa do Marfim, em 1973, a 37.000 pés (11.278 m). Um ganso-de-cabeça-branca migratório foi visto uma vez sobre as montanhas dos Himalaias, no Nepal, a cerca de 28.000 pés.

Migração mais longa: A TERNA DO ARCTICO faz a migração mais longa todos os anos, voando 32000-40000 km (20 000 a 25 000 milhas) por ano do Ártico para o Antártico e vice-versa.

Voador mais pesado: A ave voadora mais pesada é o GREAT BUSTARD, que chega a pesar 20,9 kg.

Pernas mais curtas: Andorinhões (Apodidae) e colibris.

Apenas duas aves venenosas: As duas únicas aves venenosas conhecidas são o Pitohui encapuzado (Pitohui dichrous), também chamado de "pássaro do lixo") e a Ifrita (Ifrita kowaldi) de Papua, Nova Guiné. A toxina (homobatrachotoxina, um alcaloide esteroidal) está concentrada nas penas e na pele destas aves e é provavelmente obtida de alguma planta que elas comem.

Bico mais longo: O bico do pelicano australiano tem até 47 cm de comprimento.

Um bico mais comprido que o corpo: O beija-flor-bico-de-espada (Ensifera ensifera), que vive na Cordilheira dos Andes, na América do Sul, tem um bico mais comprido que o corpo. Ele usa esse incrível bico para sugar o néctar da longa flor de datura, semelhante a um tubo.

A maior língua: O flamingo.

Os maiores olhos: A avestruz tem os maiores globos oculares, com 5 cm de diâmetro

A melhor visão nocturna: As corujas têm a melhor visão nocturna; estas aves caçam à noite.

Melhor audição: As corujas (especialmente as corujas-das-torres e as corujas-das-torres) são as aves que melhor ouvem e caçam à noite.

Coruja mais pequena: A coruja-das-torres (Micrathene whitneyi) tem cerca de 16 cm de comprimento, uma envergadura de asa de 38 cm e pesa cerca de 4 g.

Maiores corujas: As maiores corujas são as:

- **Corujas cinzentas** *(Strix nebulosa)* [que têm cerca de 33 polegadas (84 cm) de comprimento, uma envergadura de asa de cerca de 5 pés (152 cm) e pesam cerca de 3 libras (1450 g).

- **Corujas-águia da Eurásia** *(Bubo bubo)* [que têm cerca de 71 cm de comprimento, uma envergadura de cerca de 160 cm e pesam até 4200 g.

- **Corujas de chifres grandes** *(Bubo virginianus)* [que têm cerca de 63 cm de comprimento, uma envergadura de cerca de 152 cm e pesam cerca de 1800 g.

Ave de rapina mais pesada: condores andinos (*Vultur gryphus*) - que pesam cerca de 9 a 12 kg e têm uma envergadura de asa de mais de 3 m.

As maiores aves de rapina: As maiores aves de rapina são as águias (águia-marinha de Steller e águia-real) e os abutres (condor-da-califórnia, condor-dos-andes e abutre-preto), que têm uma envergadura de asa de cerca de 3 metros.

Ave de rapina mais poderosa: As águias *harpias* (*Harpia harpyja*) são as aves de rapina mais poderosas. Elas têm cerca de 86 cm de comprimento e uma envergadura de cerca de 2 m. As suas garras curvas têm até 12,5 cm de comprimento, tão longas como as garras de um urso pardo.

Maior envergadura de asas: As aves com maior envergadura de asas são a cegonha-marabu, um necrófago com uma envergadura de asas de 2,4 a 4 m, e o albatroz-errante, cuja envergadura de asas é de cerca de 3,8 a 4 m.

O melhor pousador: Os melhores paquidermes são os beija-flores, as andorinhas-do-mar, as gaivotas e os peneireiros (falcões pardais).

Mais ladrão: A ave mais ladra é a pega, que recolhe objectos brilhantes para os seus ninhos.

Vida útil mais longa: Entre as aves com maior longevidade encontram-se:

- Papagaios - várias espécies de papagaios vivem de 40 a mais de 100 anos.
- As catatuas podem viver cerca de 75 anos.
- As araras vivem mais de 60-70 anos em cativeiro.

Alguns outros períodos de vida das aves são:

- O calau-rinoceronte vive até 33 anos em cativeiro.
- A ema, uma ave grande e que não voa, vive até 40 anos em cativeiro e 20 anos na natureza.
- O abutre, um necrófago que pode viver até 30 anos em cativeiro.
- A avestruz, que tem uma esperança de vida de até 40 anos.
- O cisne, que pode viver até 50 anos em cativeiro, pode viver até 19 anos em estado selvagem
- A águia-careca que vive mais de 50 anos em cativeiro.
- O tempo de vida de muitas aves é desconhecido.

Mais antiga conhecida: A ave mais antiga conhecida é o Archaeopteryx, há muito extinto, que viveu há 135-180 milhões de anos, durante o Período Jurássico. Tinha dentes mas é considerada uma ave. Belos fósseis de Archaeopteryx foram encontrados na Alemanha.

Porque é que as suas pernas se dobram para trás?

Sim, as aves têm joelhos (muitas vezes estão debaixo das penas e não são facilmente visíveis) e dobram-se da mesma forma que os nossos joelhos se dobram. A parte das pernas de uma ave que se dobra para trás quando anda é o tornozelo.

Ritmo cardíaco e respiração:

Para poderem voar, as aves necessitam de muito oxigénio, que obtêm respirando ar através dos pulmões. Precisam também de um sistema circulatório forte, incluindo um coração potente para fazer circular o oxigénio. O coração de uma ave bate muito mais depressa do que o nosso coração. O coração de um beija-flor bate cerca de 1.000 vezes por minuto; o coração de um ser humano bate cerca de 60-90 vezes por minuto.

As aves respiram através de um sistema único em que o ar segue um percurso de sentido único através do sistema respiratório. Este sistema é diferente dos nossos pulmões, em que o ar regressa ao local de onde veio. O seu sistema de respiração é muito eficiente - muito mais eficiente do que o nosso sistema. As aves têm dois pulmões relativamente pequenos (onde ocorrem as trocas gasosas), mas os pulmões são aumentados por sacos de ar semelhantes a foles (onde não ocorrem trocas gasosas). Estes sacos de ar mantêm os pulmões perpetuamente insuflados (mesmo quando a ave está a expirar). Os nossos pulmões enchem-se e esvaziam-se alternadamente. O sistema respiratório da ave ocupa 20% do volume da ave (o nosso sistema respiratório ocupa apenas 5% do nosso volume).

No sistema respiratório das aves, o ar passa primeiro pelos sacos aéreos (situados mesmo no interior dos seus ossos ocos) que conduzem o ar fresco e oxigenado para os pulmões tubulares (parabrônquios, onde se efectuam as trocas gasosas), tanto quando a ave inspira como quando expira.

Este sistema aumenta a eficiência respiratória das aves e fornece-lhes oxigénio suficiente para o voo.

Porque é que as aves se podem empoleirar nas linhas eléctricas?

Muitas vezes, as aves podem pousar em segurança numa linha eléctrica sem serem electrocutadas. Para que a ave (ou outro animal) seja electrocutada, é necessário que exista uma diferença de potencial entre dois pontos do corpo da ave (as suas patas, no caso de uma ave sobre um cabo elétrico). Quando empoleirada numa única linha eléctrica, não existe qualquer diferença de potencial entre as patas da ave, pelo que é seguro. Se a ave (ou outro animal) tocar em duas linhas eléctricas ao mesmo tempo, ou numa linha eléctrica e numa ligação à terra (como um fio de terra ou a própria terra), o animal será eletrocutado e morrerá.

Muitas aves de grande porte (como as águias e os abutres) são electrocutadas quando as suas asas largas tocam numa linha eléctrica e num fio de terra ao mesmo tempo (frequentemente quando voam para aterrar numa linha eléctrica).

7. Origem e evolução das aves:

Consideremos por um minuto a diversidade das aves. Existem quase 10.000 espécies! Será possível remontar estas aves a um antepassado comum? Se sim, quem é ele?

Uma das maiores críticas à Origem das Espécies, de Darwin, era a aparente falta de qualquer evidência que mostrasse a evolução das aves. Então, por sorte, apenas dois anos após a publicação do livro, o Archaeopteryx apareceu num sítio na Alemanha.

Atualmente, existem 8 fósseis preservados de Archaeopteryx em vários museus do mundo. Que descoberta espantosa para a ciência, porque incitou os cientistas a tentarem perceber como é que as aves estavam relacionadas com outras criaturas.

O Archaeopteryx era incrível por algumas razões. Primeiro, ele se assemelhava superficialmente tanto a uma ave quanto a um réptil. De facto, à exceção das **penas,** dos **pés semelhantes aos das aves** e do facto de ter uma **fúrcula, não se parecia** realmente com uma ave. As **mandíbulas tinham dentes**, dos quais nenhuma ave atual tem. Também tinha o **osso do tornozelo fundido com o osso da tíbia**. É evidente que esta ave tinha características dos dinossauros e das aves. Então, onde é que as aves evoluíram?

Finalmente, surgiram três hipóteses sobre a origem das aves:

1. Hipótese dos dinossauros terópodes: A primeira foi a hipótese de que eles vieram dos dinossauros terópodes. Os terópodes são dinossauros carnívoros, como o alossauro.

2. **Crocodilos:** a segunda hipótese era a de que provinham dos crocodilos porque tinham um ducto endolinfático. No entanto, à medida que mais investigação foi sendo feita, descobriu-se que havia uma enorme variação nesta conduta mesmo entre os lagartos e outros répteis. Atualmente, poucas pessoas dão muita atenção a esta hipótese

3. **Nem crocodilos nem dinossauros**: Nem na linha dos dinossauros nem na linha dos crocodilos. Raciocínio porque vários dinossauros já eram muito especializados.

Atualmente, podemos mostrar que as aves estão relacionadas de muitas formas com os dinossauros. Utilizando caracteres-chave, podemos usar a cladística para compreender melhor as relações. Por exemplo, podemos olhar para as características que partilham com animais como os répteis e os dinossauros antigos, de forma a perceber onde podem ter evoluído. Assim, eles podem ser ligados, em geral, aos Ornithodira e, mais especificamente, aos Manirapterans. Se olharmos para um cladograma de Diapsídeos, que inclui cobras, lagartos, crocodilos (arcossauros), dinossauros e aves, podemos ter uma ideia melhor de onde as aves se encaixam.

A **fénix** é uma ave mítica que representa a imortalidade ou o renascimento da esperança. Na Arábia, era suposto ser uma bela ave vermelho-púrpura que vivia 500 a 600 anos. Surgiu das cinzas de uma pira funerária para viver durante o ano

<h1 style="text-align:center">CAPÍTULO 8</h1>

8. Os madrugadores:

O registo fóssil das aves primitivas é muito incompleto porque os seus ossos são muito frágeis e não fossilizam bem. Além disso, as penas não fossilizam muito bem, por isso ninguém sabe realmente como eram essas aves extintas; essas reconstruções são baseadas em suposições educadas. O Archaeopteryx (que significa "asa antiga") é uma ave pré-histórica muito antiga, datada do período Jurássico, há cerca de 150 milhões de anos. Tinha dentes, penas, três garras em cada asa, um esterno plano (osso do peito) e uma cauda longa e óssea. O Archaeopteryx é o mais antigo fóssil de ave conhecido, atualmente extinto. Data de cerca de 150 milhões de anos atrás, durante o período Jurássico tardio. Embora o Archaeopteryx tivesse penas e fosse capaz de voar, tinha semelhanças com os dinossauros, incluindo os dentes, o crânio e certas estruturas ósseas.

A primeira impressão de pena fossilizada de Archaeopteryx foi encontrada em 1860 numa pedreira de calcário na Alemanha. Um ano depois, um Archaeopteryx fossilizado muito mais completo foi encontrado na mesma pedreira. As impressões de suas penas e estrutura óssea eram bastante claras. Mais foram encontrados desde que, em 1868, Thomas Henry Huxley interpretou o fóssil de Archaeopteryx como uma ave de transição com muitas características reptilianas. Juntamente com o Compsognathus, um dinossauro do tamanho de uma ave e semelhante a uma ave, Huxley argumentou que as aves e os répteis descendiam de antepassados comuns. Décadas mais tarde, as ideias de Huxley caíram em desuso, apenas para serem reconsideradas mais de um século mais tarde (depois de muita investigação e discussão) na década de 1970.

Muitas aves extinguiram-se devido à competição pelo habitat e pelos alimentos, aos predadores, à exposição a substâncias químicas nocivas, etc. As aves, enquanto grupo, têm vindo a sofrer um declínio gradual desde que atingiram um pico há cerca de um quarto a meio milhão de anos.

Archaeopteryx

Diatrima:

Os Diatryma eram aves de tamanho humano, pesadamente construídas e que não voavam, datadas do Terciário até o início do Eoceno (38 milhões a 2 milhões de anos atrás). Tinham cerca de 2,1 m de altura, pernas grossas com garras, asas minúsculas e bicos enormes, poderosos e em forma de gancho numa cabeça grande.

Eram provavelmente carnívoros (embora haja alguma controvérsia sobre este facto) e talvez os principais predadores no que é hoje a Europa Ocidental e a América do Norte, num ambiente que era uma planície coberta de árvores.

Faziam os seus ninhos no solo. O pequeno, rápido e carnívoro mamífero Cladosictis pode tê-lo levado à extinção ao comer os seus ovos e filhotes. Diatryma gigantea foi batizada pelo paleontólogo E.D. Cope em 1876 a partir de um fóssil do Novo México. (Subclasse Neornithes, Ordem Gruiformes)

Diatrima

Aepyornithiformes:

As aves-elefante são uma família extinta de aves que não voam, composta pelos géneros Aepyornis e Mullerornis. Estas aves de grande porte, nativas de Madagáscar, estão extintas desde, pelo menos, o século XVI. O Aepyornis foi a maior ave do mundo, que se acredita ter tido mais de três metros de altura e pesar mais de meia tonelada (500 quilogramas ou 1.100 libras).

Foram encontrados restos de adultos e ovos de Aepyornis; em alguns casos, os ovos têm uma circunferência de mais de um metro. Atualmente, são aceites quatro espécies no género Aepyornis: A. hildebrandti,

A. gracilis, A. medius e A. maximus (Brodkorb, 1963), mas a validade de algumas delas é contestada, com numerosos autores a tratá-las todas numa só espécie, A. maximus. O Aepyornis era uma ratite, aparentada com a avestruz; não voava e o seu osso do peito não tinha quilha.

A National Geographic Society, em Washington, possui um exemplar de um ovo de Aepyornis que foi descoberto por Luis Marden em 1967. O espécime está intacto e contém um esqueleto embrionário da ave em gestação.

Embora se acredite frequentemente que a extinção do Aepyornis foi um efeito das acções humanas, um estudo de 2000[carece de fontes], realizado por uma equipa de arqueólogos da Universidade de Sheffield e da Universidade Royal Holloway, no Reino Unido, sugere o contrário.

O seu estudo em Madagáscar tinha como objetivo investigar as relações humanas com esta ave. Os relatórios de investigação da Universidade de Sheffield afirmam que não há provas de que a ave tenha sido caçada até à extinção. Os arqueólogos também acreditam que a morte da ave pode ter sido um tabu, uma vez que não foram encontradas provas de que tenha sido morta para servir de alimento.

O nome malgaxe moderno para esta ave é Vorompatra, que significa "ave do pântano". É vulgarmente conhecida como "ave-elefante", um termo que teve origem em Marco Polo. Foi também sugerido (comparar o texto no mapa de Fra Mauro de 1467-69) que a lenda do roc pode ter tido origem nesta ave.

A maior ave que já existiu. Esta ave que não voa está extinta, mas viveu na Nova Zelândia até ao início de 1800. Esta ordem é uma ordem extinta de aves que são conhecidas a partir de ossos encontrados em Madagáscar. São as chamadas aves-elefante. Uma das características mais notáveis desta ave são os ovos gigantes que punha. É também uma grande ave que não voa.

É difícil saber quantas aves existiam nesta ordem, uma vez que não se conhecem representantes vivos. Um exame dos fósseis mostrou que a sua distribuição se restringia a África e Madagáscar (exceto um encontrado na Pérsia). Os taxonimistas classificaram estes fósseis em 4 géneros: Eremopezus, Stromeria, Mullerornis e Aepyornis. Os fósseis mostraram também que um representante destas aves viveu provavelmente há cerca de 1000 anos, antes de se extinguir.

Dinornis

Eoalulavis:

O Eoalulavis foi a ave mais antiga com boa capacidade de manobra durante o voo, mesmo a baixa velocidade (este controlo de voo adicional é obtido através de um tufo de penas no polegar, chamado alula, que também ajuda nas descolagens e aterragens). Foram encontrados fósseis em Espanha

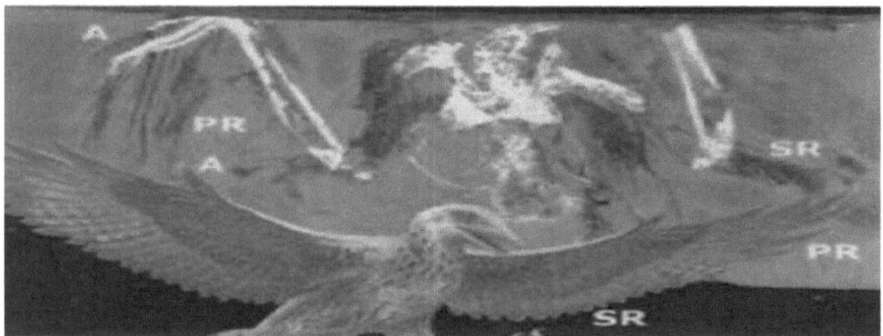

Eoalulavis .

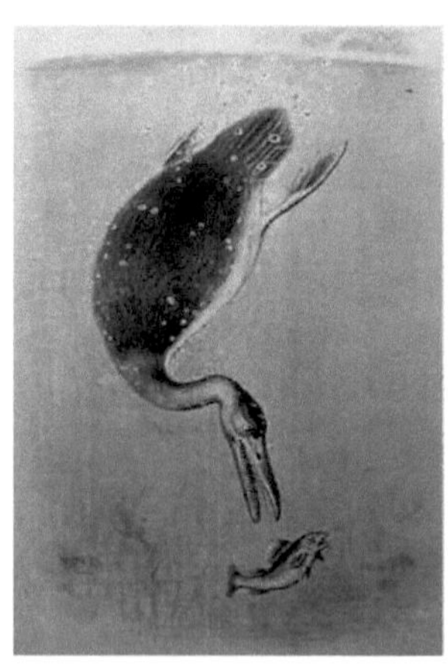

Hesperornis:

Hesperornis (que significa "ave ocidental") era uma ave primitiva que não voava e que viveu durante o final do período Cretáceo.

Esta ave mergulhadora tinha cerca de 1 m de comprimento e tinha patas com membranas, um bico longo e dentado e pernas fortes. Embora não pudesse voar, o Hesperornis era provavelmente um forte nadador e provavelmente vivia perto das costas e comia peixe. Foram encontrados fósseis na América do Norte.

Iberomesornis:

(Pronuncia-se eye-BER-oh-mes-OR-nis) Iberomesornis (que significa "ave intermédia ibérica") era uma pequena ave dentada que viveu no início do período Cretácico. Era capaz de voar com motor.

Tinha dentes minúsculos e pontiagudos no bico e era do tamanho de um pardal. A sua anca era primitiva em comparação com as aves modernas; o ílio, o ísquio e o púbis eram todos paralelos e dirigidos para trás. O nome Iberomesornis foi dado pelos paleontólogos Sanz e Bonaparte em 1992. Os fósseis foram encontrados em Espanha. A espécie-tipo é I. romeralli.

Ichthyornis:

Ichthyornis (que significa "pássaro-peixe") era uma ave extinta de 20 cm de comprimento, dentada, semelhante a uma andorinha, que data do final do período Cretáceo. Tinha uma cabeça e um bico grandes. Esta poderosa ave voadora é a mais antiga ave conhecida que tinha um esterno com quilha, semelhante ao das aves modernas. Vivia em bandos, nidificando nas costas, e caçava peixes nos mares.

O Ichthyornis foi originalmente encontrado em 1872 no Kansas, EUA, por um membro da expedição do paleontólogo Othniel C. Marsh da Universidade de Yale. Foram encontrados fósseis no Kansas e no Texas, nos EUA, e em Alberta, no Canadá. (Subclasse Odontornithes, Ordem Ichthyornithiformes) A ave pré-histórica Ichthyornis viveu na América do Norte cerca de 97 milhões a 65 milhões de anos antes do presente.

Evidências fósseis sugerem que esta ave se assemelhava às gaivotas modernas, mas o Ichthyornis também tinha características, como dentes pequenos, curvos e pontiagudos, que o ligam aos seus antepassados dinossauros. As asas fortes e os dentes afiados permitiam provavelmente que o Ichthyornis descesse e apanhasse peixe do mar.

Ictiornis

Patagónio:

(Pronuncia-se pat-ah-GONE-eh-kus) O Patagonykus (que significa "garra da Patagónia") era um carnívoro de constituição ligeira, com um único dedo em forma de garra em cada mão. Tinha cerca de 2 m de comprimento. Tinha pernas longas, uma cauda longa e braços curtos. O Patagonykus viveu durante o final do período Cretáceo, há cerca de 90 milhões de anos. O Patagonykus era ou um dinossauro semelhante a uma ave (um terópode avançado) ou uma ave primitiva; possuía qualidades de ambos os grupos de animais, e há muito debate científico sobre qual deles é. O Patagonykus era semelhante ao Mononykus. Os fósseis foram encontrados na Patagónia, uma região do sul da Argentina. A espécie-tipo é P. puertai. O nome Patagonykus foi dado pelo paleontólogo F. Novas em 1996.

Patagonykus puertai *(Patagonische Kralle)*

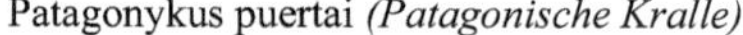

hororhacos:

Phororhacos é um género de aves que não voam, há muito extintas, e que tinham cerca de 1,5 m de comprimento. Tinha pernas longas e robustas, asas curtas, um crânio grande, um corpo grande e pesado e um bico grande. Este carnívoro pode ter comido pequenos mamíferos, provavelmente matando-os com o seu bico e pernas. Parecia uma avestruz com uma cabeça maior. Viveu durante a Época Oligocénica, há cerca de 30 milhões de anos. Foram encontrados fósseis na Patagónia, na América do Sul. (Subclasse Neornithes, Ordem Gruiformes)

Protoavis.

Protoavis (que significa "primeira ave") é um diapsídeo extinto do final do período Triássico (80 milhões de anos antes do Archaeopteryx). A sua mandíbula parcialmente desdentada e o osso do peito em forma de quilha eram semelhantes aos das aves. Tinha também uma cauda, patas traseiras semelhantes às dos dinossauros e ossos ocos. Há alguma controvérsia sobre se este animal era uma ave ou um dinossauro; a resposta depende em parte do facto de o fóssil de Protoavis pertencer a um ou dois géneros diferentes. Foram encontrados fósseis no Texas, EUA

Teratornis:

O Teratornis (que significa "pássaro-monstro") era uma ave primitiva semelhante ao condor. Este predador gigante e extinto tinha uma envergadura de asas de cerca de 5-7,6 m (16-25 pés). Este carnívoro (comedor de carne) data da época do Pleistoceno, há cerca de 1,8 a 0,01 milhões de anos. Classificação: Classe Aves, Ordem Ciconiformes, Família Teratornithidae (teratornis), Género Teratornis, espécies merriami e incredibilis.

CAPÍTULO 9

9. AVES EXTINTAS:

DODO

O Dodó das Maurícias (Raphus cucullatus, chamado Didus ineptus por Linnaeus), mais vulgarmente designado por dodó, era uma ave da ilha das Maurícias que não voava e que tinha um metro de altura (aproximadamente igual a 3,28 pés). O dodó, atualmente extinto, vivia de frutos e fazia o seu ninho no solo.

Extinção

A causa da extinção do dodó não é certa, mas provas recentes sugerem que foi quase dizimado por uma catástrofe natural antes da chegada dos humanos à ilha, tendo a sua população sofrido uma redução tão grave que ficou abaixo dos níveis sustentáveis.

Tal como acontece com muitos animais que evoluíram isolados de predadores importantes, o Dodó não tinha qualquer medo das pessoas, o que, combinado com o facto de não voar, o tornava uma presa fácil. (A ilha foi visitada pela primeira vez pelos portugueses em 1507, mas os holandeses foram os primeiros colonos permanentes da ilha). No entanto, quando os humanos chegaram à Maurícia, trouxeram também outros animais que não existiam na ilha, incluindo ovelhas, cães, porcos, ratos e macacos, que saquearam os ninhos dos Dodós, enquanto os humanos destruíam as florestas onde estes faziam as suas casas. Existe alguma controvérsia em torno da data de extinção do Dodó. David Roberts afirma que "a extinção do Dodó é geralmente datada do último avistamento confirmado em 1662, relatado pelo marinheiro naufragado Volkert Evertsz", mas outras fontes sugerem 1681.

Roberts salienta que, uma vez que o avistamento anterior a 1662 ocorreu em 1638, é provável que o Dodó já fosse muito raro na década de 1660. No entanto, a análise estatística dos registos de caça de Isaac Joan Lamotius, realizada por Julian Hume e colaboradores, dá uma nova data de extinção estimada em 1693, com um intervalo de confiança de 95% de 1688 a 1715. O último Dodó conhecido foi morto menos de 100 anos após a descoberta da espécie e não se conservam exemplares completos, embora algumas colecções de museus contenham esqueletos de Dodó. Um ovo de Dodó está em exposição no museu de East London, na África do Sul. Foi recuperado material genético destes ovos e a sua análise confirmou que o Dodó era um parente próximo das espécies de pombos que se encontram em África e especialmente no Sul da Ásia.

Poucas pessoas deram especial atenção a esta ave extinta até que ela apareceu como personagem em Alice no País das Maravilhas (1865), de Lewis Carroll. Com a popularidade do livro, o Dodo tornou-se uma palavra comum: "tão morto como um Dodo".

O pombo-passageiro (Ectopistes migratorius):

O pombo-passageiro (Ectopistes migratorius) foi, em tempos, provavelmente a ave mais comum do mundo. Estima-se que existiam cerca de cinco mil milhões de pombos-passageiros nos Estados Unidos. Viviam em bandos enormes - o maior deles com uma milha (1,6 km) de largura e 300 milhas (500 km) de comprimento, demorando vários dias a passar e contendo provavelmente dois mil milhões de aves. Foi caçado até à extinção pelos humanos.

O pombo-passageiro era uma ave muito social. Vivia em colónias com até cem ninhos numa única árvore, que se estendiam por centenas de quilómetros quadrados. Durante o verão, o pombo-passageiro vivia em toda a parte da América do Norte a leste das Montanhas Rochosas. No inverno, viviam no sul dos EUA.

Eram caçados para servir de alimento, de ração para porcos, como alvos vivos para tiro ao alvo e até, por vezes, como fertilizante agrícola, e enviados em carrinhos de mão para as cidades do Leste. Em 1805, na cidade de Nova Iorque, um par de pombos era vendido por dois cêntimos.

Na América dos séculos XVIII e XIX, os escravos e os criados não viam frequentemente outra carne.

Os caçadores comerciais apanhavam-nos em grandes quantidades para alimentação, e a maioria dos restaurantes do Leste dos Estados Unidos servia pombos aos clientes. 3 milhões de pombos foram transportados por um único caçador comercial em 1878. Os cereais embebidos em álcool intoxicavam as aves e tornavam-nas mais fáceis de matar. Foram ateados fogos de fumo nas árvores de nidificação, fazendo com que as aves jovens saltassem dos ninhos para os sacos dos caçadores.

Em meados do século XVIII, era notório que o seu número estava a diminuir. O pombo-passageiro punha apenas um ovo de cada vez, pelo que, quando o número de aves começou a diminuir, demorou algum tempo a aumentar novamente. Quase todos os quartos de milhão de pombos-passageiros que restavam foram mortos num único dia em 1896 por caçadores desportivos, que sabiam que estavam a abater o último bando selvagem. O último pombo-passageiro selvagem foi abatido por um rapaz de 14 anos no Ohio, em março de 1900.

Outras razões importantes para a sua extinção foram a desflorestação (as aves dependiam do mastro da bolota e da faia para se reproduzirem e mudavam ou ocupavam as suas colónias de reprodução de acordo com o ciclo anual do mastro das árvores de alimentação) e, provavelmente, factores sociais - as aves pareciam ter iniciado o namoro e a reprodução quando se juntavam em grande número; notou-se que pequenos grupos de pombos-passageiros eram notoriamente difíceis de conseguir reproduzir com sucesso.

Moa gigante:
As moas são aves gigantes que não voam, originárias da Nova Zelândia. São únicas por não terem asas, nem sequer pequenas asas, ao contrário de outras ratites. São conhecidas dez espécies de tamanhos variados, com a maior espécie, a moa gigante (Dinornis robustus e Dinornis novaezelandiae), a atingir cerca de 3 m de altura e cerca de 250 kg de peso.

Eram os herbívoros dominantes no ecossistema florestal da Nova Zelândia.

Pensa-se que as moas se extinguiram por volta do ano 1500, embora alguns relatos especulem que alguns exemplares remanescentes de Megalapteryx didinus possam ter persistido em locais remotos da Nova Zelândia até aos séculos XVIII e mesmo XIX. Embora se pensasse que os números estavam a diminuir antes do impacto dos seres humanos, a sua extinção é agora atribuída à caça e à limpeza das florestas pelos antepassados polinésios dos Maori, que se estabeleceram na Nova Zelândia algumas centenas de anos antes. Antes da chegada dos humanos, as moas eram caçadas pela águia de Haast, a maior águia do mundo, que também está atualmente extinta.

Embora os indígenas maoris contassem aos colonos europeus histórias sobre as enormes aves, a que chamavam moa, que outrora percorreram as planícies e os vales, os primeiros colonos europeus nunca examinaram atentamente as provas físicas generalizadas da sua existência efectiva. Em 1839, John W. Harris, um comerciante de linho de Poverty Bay que era um entusiasta da história natural, recebeu um pedaço de osso invulgar de um maori que o tinha encontrado na margem de um rio. Mostrou o fragmento de 15 cm de osso ao seu tio, John Rule, um cirurgião de Sydney, que o enviou a Richard Owen, que na altura trabalhava no Hunterian Museum do Royal College of Surgeons, em Londres. Owen tornou-se um notável biólogo, anatomista e paleontólogo do Museu Britânico.

Owen ficou intrigado com o fragmento durante quase quatro anos. Determinou que era parte do fémur de um grande animal, mas era incarateristicamente leve e alveolado.

Owen anunciou a uma comunidade científica cética e ao mundo que se tratava de uma ave gigante extinta, como a avestruz, e chamou-lhe "Dinornis". A sua dedução foi ridicularizada em alguns quadrantes, mas provou-se correcta com as descobertas subsequentes de quantidades consideráveis de ossos de moa em todo o território, suficientes para construir esqueletos das aves.

Em julho de 2004, o Museu de História Natural de Londres expôs o fragmento de osso de moa que Owen tinha examinado pela primeira vez, para celebrar os 200 anos do seu nascimento e em memória de Owen como fundador do museu.

10.   As aves como símbolos de países:

Anguila: Pomba de luto

Argentina: Hornero Rufo

Austrália: Kookaburra

Áustria: Andorinha-das-chaminés

Bahamas: Grande Flamingo

Bangladeche: o Doel (pisco-de-peito-ruivo)

Bélgica: Kestrel

Belize: Tucano de bico de quilha

Bermudas: Pássaro tropical de cauda branca

Bolívia: o Condor dos Andes

Ilhas Virgens Britânicas: a pomba de luto

Birmânia (atualmente Myanmar): pavão birmanês

Canadá: Loon comum

A ilha Caimão: Papagaio das Caimão

Chile: Condor Andino

Colômbia: Condor Andino

Ave nacional da Costa Rica (desde 1976): Yiguirro (turdus craye)

Cuba: Pintassilgo cor de barro

Dinamarca: Cisne mudo

Domínica: Imperial (Amazona imperialis), conhecida localmente como Sisserou

República Dominicana: Conversa de palma

Equador: Condor Andino

Estónia: Andorinha-das-chaminés

Finlândia: Cisne sagrado (whooper), Cygnus cygnus

França: a ave nacional não oficial é o galo da Galiza.

Granada: Pomba de Granada

Guatemala: Quetzal

Guiana: Faisão de Canje

Haiti: Trogon hispaniolano

Honduras: Papagaio-do-mar-amarelo

Hungria: Abetarda

Islândia: Gifalcão

Índia: Pavão

Indonésia: Águia-falcão de Javan

Jamaica: Colibri Doctor Bird

Japão: Kiyi (faisão verde)

Jordânia: Pintassilgo do Sinai

Coreia: Pega-rabuda

Luxemburgo: Goldcrest

México: Águia-real

Myanmar (Birmânia): Pavão birmanês

Namíbia: Picanço de peito vermelho

Nepal: Faisão Impeyan (Himalyan Monal)

Nova Zelândia: Kiwi

Nicarágua: Moleiro de sobrancelha turquesa

Nigéria: Guindaste de coroa negra

Noruega: Dipper

Panamá: Águia Harpia.

Filipinas: Águia comedora de macacos

Porto Rico: Bananaquit

África do Sul: Grou Azul

Sri Lanka: Galinha da selva do Ceilão

São Cristóvão e Nevis: Pelicano castanho

Suécia: Melro euro-asiático

Tailândia: Faisão-de-fogo-siamês

Trinidade: Íbis-escarlate

Tobago: Cocrico

Turquia: Asa vermelha

Uganda: Grou-de-crista

Reino Unido: Robin Europeu

Venezuela: Troupial

Zimbabué: Águia-pescadora

CAPÍTULO 11

11. O Congresso Internacional de Ornitologia

A série de Congressos Ornitológicos Internacionais constitui a maior e mais antiga série internacional de reuniões de ornitólogos. É organizada pelo Comité Ornitológico Internacional, um grupo de cerca de 200 ornitólogos. A primeira reunião teve lugar em 1884; as reuniões subsequentes foram irregulares até 1926, data a partir da qual se realizaram reuniões de quatro em quatro anos, com exceção de duas reuniões não realizadas durante e imediatamente após a Segunda Guerra Mundial. Os anos e os locais das reuniões anteriores são:

* 1884 - Viena, Áustria
* 1891 - Budapeste, Hungria
* 1900 - Paris, França
* 1905 - Londres, Reino Unido
* 1910 - Berlim, Alemanha
* 1926 - Copenhaga, Dinamarca
* 1930 - Amesterdão, Países Baixos
* 1934 - Oxford, Reino Unido
* 1938 - Rouen, França
* 1950 - Uppsala, Suécia
* 1954 - Basileia, Suíça
* 1958 - Helsínquia, Finlândia
* 1962 - Ithaca, NY, EUA
* 1966 - Oxford, Reino Unido
* 1970 - Den Haag, Países Baixos
* 1974 - Camberra, Austrália
* 1978 - Berlim, Alemanha
* 1982 - Moscovo, Rússia
* 1986 - Ottawa, Canadá
* 1990 - Christchurch, Nova Zelândia
* 1994 - Viena, Áustria
* 1998 - Durban, África do Sul
* 2002 - Pequim, China

*2006 - Hamburgo, Alemanha

CAPÍTULO 12

12. Organização importante para as aves no mundo:

1. Observação de aves Dot Com

2197 236th Blvd., Fairfield, IA 52556.

Laboratório Cornell de Ornitologia

Caixa postal 11

Ithaca, NY 14851-0011.

2. National Audubon Society 700 Broadway New York, NY 10003.

3. BirdLife International Wellbrook Court Girton Road

Cambridge CB3 0NA REINO UNIDO.

4. The American Birding Association 4945 N 30th St, Suite 200,

Colorado Springs, CO 80919, EUA.

5. African Bird Club, c/o Birdlife International, Wellbrook Court, Girton Road, Cambridge

CB3 0NA, Reino Unido.

6. Sociedade Ornitológica Helénica Vas. Irakleiou 24,

GR-10682, Atenas, Grécia

7. BirdWatch Irlanda

1, Suporte de mola

NewtownMountKennedy

Co. Wicklow ,Irlanda

9. Instituto Edward Grey de Ornitologia de Campo Departamento de Zoologia,

South Parks Road,

Oxford, OX1 3PS,

REINO UNIDO.

10. Ducks Unlimited, Inc.

Um caminho de aves aquáticas

Memphis, Tennessee, EUA

381201-800-45DUCKS ou 901-758-3825.

11. Fundo para a Vida Selvagem de Nottinghamshire

A velha escola de trapos,

Brook Street, Nottingham, Nottinghamshire, NG1 1EA.

12. Fundação Internacional das Gruas

E-11376 Shady Lane Rd. Caixa Postal 447

Baraboo, WI 53913 EUA.

13. Aves Austrália

415 Riversdale Rd, Hawthorn East VIC 3123 Austrália.

14. The Wildfowl & Wetlands Trust (WWT) WWT Slimbridge, Glos GL2 7BT, Reino Unido.

15. Terras húmidas internacionais.

Caixa postal 471

6700 AA Wageningen Países Baixos.

16. Clube Oriental de Aves (OBC)

Caixa postal 324,

Bedford,

MK42 0WG, Reino Unido.

17. Tri-State Bird Rescue & Research (Salvamento e Investigação de Aves Tri-estaduais)

110 Possum Hollow Road, Newark, DE 19711 110.

18. PRBO

3820CypressDrive#11

Petaluma, CA 94954.

19. O CLUBE BRITÂNICO DE ORNITÓLOGOS (BOC)

PO Box 417 ,

Peterborough PE7 3FX , Reino Unido

Sítios Web de observação de aves:

http://www.worldtwitch.com.

http://www.birding.in.

http://birdingonthe.net.

http://www.boc-online.org.

yes I want morebooks!

Buy your books fast and straightforward online - at one of world's fastest growing online book stores! Environmentally sound due to Print-on-Demand technologies.

Buy your books online at
www.morebooks.shop

Compre os seus livros mais rápido e diretamente na internet, em uma das livrarias on-line com o maior crescimento no mundo! Produção que protege o meio ambiente através das tecnologias de impressão sob demanda.

Compre os seus livros on-line em
www.morebooks.shop